"Cuídate y Cuídale"

RESUMEN

El Síndrome de Burnout es una enfermedad frecuentemente ignorada por el equipo terapéutico, que obvia, de esta manera, sus efectos en el desarrollo de la calidad de la atención efectiva hacia las personas mayores. El hecho de que el cuidador sea un profesional no elimina la probabilidad de aparición del Síndrome de Burnout. Las presiones y los factores ambientales a los que se somete el personal pueden provocar mal humor, frustraciones o impotencia que, si bien no deberían justificarlo, pueden aumentar el riesgo de trato o de atención inadecuada.

Cualquier persona, sea cual sea su situación personal y organizacional, puede verse afectada por el Síndrome de Burnout y como consecuencia tenderá a realizar de forma impropia sus labores de atención a la persona mayor.

El personal que sufre esta situación, puede verse afectado en la interacción que tiene con la persona

1. INTRODUCCIÓN

El número de personas mayores en nuestro país ha sufrido un incremento considerable en los últimos diez años. Esto es debido a la mejora del sistema sanitario, al aumento de los recursos sociosanitarios y a las innovaciones científicas producidas.

En Europa, la media de expectativa de vida al nacimiento es, en la actualidad, de 74,6 años para los hombres y de 80,9 para las mujeres. En España, dicha cifra es de 76,1 años para los hombres (sólo superada por Suecia: 77,4 e Italia: 76,3 años) y de 82,8 para las mujeres (la mayor dentro de la Comunidad Europea). Según las proyecciones nacionales, la población de los mayores de 65 años crecerá desde el aproximado 17 % actual hasta alcanzar el 31 % en el año 2050.

Este incremento de la población mayor lleva consigo un aumento del número de personas con discapacidad. Un elevado porcentaje es debido a deterioro cognitivo, y por ello, ha aumentado el interés social de mantener una buena calidad de vida en estas mayor y así, perjudicar la calidad de atención que se le puede prestar a esta población.

edades y con este tipo de enfermedades. Para la mejora de la calidad de vida en una persona con deterioro cognitivo, es necesaria la administración, por parte de otra persona, de unos cuidados formales o informales, según la situación. De todos estos cambios sociales y necesidades de cuidados de las personas mayores ha surgido la figura del *gerocultor*.

El gerocultor es el profesional que se encarga de los cuidados de las personas mayores en su sentido más amplio, desde lo asistencial, y atendiendo los cambios biológicos que produce el envejecimiento, el soporte y la atención psicológica, hasta los aspectos sociales del envejecimiento.

A la hora de cuidar, es necesario tener en cuenta cinco cuestiones bioéticas esenciales: compasión, competencia, confidencia, confianza y conciencia. Es una persona la que se beneficia de nuestro trabajo, y por ello es preciso administrar cuidados profesionalizados y adecuados a cada situación. Debido al incremento de la dependencia en personas mayores y a la falta de recursos y personal cualificado para sobrellevar las diferentes situaciones que se están produciendo, la percepción subjetiva de la salud de la propia persona cuidadora, formal o informal se ve disminuida. Esto produce efectos negativos a diversos niveles: estrés, dificultad para la concentración, pérdida de interés, disminución de la red social de la persona, etc.

En la actualidad, hay dos problemas que se deben solventar alrededor de una persona con deterioro cognitivo. Por un lado, atender los cuidados específicos del colectivo de personas mayores con demencias y trastornos de conducta. Y, por otro, atender las necesidades del cuidador, además de prevenir y disminuir la carga emocional de los familiares y profesionales que tratan directamente con personas que presentan deterioro cognitivo.

El objetivo principal de este libro es mostrar el impacto que ejerce el cuidar a una persona con demencia, en el bienestar de la persona cuidadora. Aunque no sea un cuidado informal y sea un trabajo remunerado, hay una gran carga de estrés generada; se observa que las personas que administran cuidados formales, presentan una percepión subjetiva del estado de salud mucho menor que las personas que no trabajan con seres humanos directamente.

2. CUIDADO INFORMAL

Cuando alguien enferma o presenta algún tipo de dependencia, dentro del sistema familiar suele haber una persona que asume las tareas de cuidado básicas, con las responsabilidades que ello implica, y que es percibida por el resto de la familia como tal.

Generalmente no se produce un acuerdo explícito en la familia para decidir quien será la persona que asuma el papel de cuidador principal. Aunque en ocasiones, son varios los miembros de la familia los que atienden al familiar dependiente, en la mayoría de los casos, el peso del cuidado recae sobre una única persona, que con frecuencia es una mujer. El 97,5% de los cuidados administrados a personas dependientes, son llevados a cabo por la familia, ésta es la célula básica del sistema de cuidados.

El cuidado informal dentro de la sociedad no está suficientemente considerado, ya que no se recibe retribución salarial y los horarios no están definidos. No hay suficientes recursos en la sociedad para abarcar el cuidado de todas las personas mayores dependientes, y cuando los hay, muchas veces son caros y las familias no tienen los recursos económicos para poder acceder a ellos, esto provoca un aumento de las dificultades que se producen en estas situaciones.

Debido a esto, aparece la figura del cuidador informal, que en muchas ocasiones es el cónyuge, de similar edad y con propias patologías. Normalmente, el cuidador informal es una mujer, esposa, hija o nuera.

A menudo, el cuidador informal carece de los conocimientos necesarios para cuidar de forma adecuada, y aún efectuando las acciones que cree adecuadas, con el fin de ayudar a la persona dependiente, se puede equivocar y perjudicar a la persona mayor.

Las principales consecuencias sobre la salud que se producen en el cuidador son: estrés psicológico, estados de ánimo bajos, pérdida de sensación de control y autonomía, depresión, sentimiento de frustración y un aumento de las tasas de morbilidad.

A menudo, los cuidadores informales, sufren el "síndrome de estar quemado" o Burnout. Esto es debido a todos los factores que envuelven la situación de cuidar, de los que ya hemos hablado anteriormente: falta de conocimiento, falta de horario flexible, pérdida del propio trabajo retribuido... Todo esto conlleva a una pérdida de la autoestima de la propia persona cuidadora, pérdida de tiempo para asuntos propios, pérdida del círculo social en que estaba envuelto el cuidador, etc.

Estas situaciones no son puntuales, y a partir del momento en que un familiar es diagnosticado de algún tipo de demencia, se inicia un cambio en los roles y la situación familiar que había hasta el momento. Este cambio no tiene marcha atrás, ya que la enfermedad, crónica en la mayor parte de los casos, va avanzando, y con ella las dificultades aumentan progresivamente.

Al no saber afrontar este proceso, con el paso de los años, la persona acaba sobrepasada por la situación y precisando ayuda profesional.

Es necesario que los profesionales enseñen técnicas y aporten sus conocimientos para que se administre un cuidado profesional.

3. CUIDADO FORMAL

El cuidado formal es definido como "aquellas acciones que un profesional oferta de forma especializada, y que van más allá de las capacidades que las personas poseen para cuidar de sí mismas o de los demás".

Existe una influencia mutua entre cuidado formal e informal: los cuidadores informales juegan un importante papel en la elección y provisión del cuidado formal, y la disponibilidad y el desarrollo de los servicios formales influye decisivamente en la intensidad y el tipo de cuidado informal. Los servicios formales interactúan dinámicamente con el sector informal.

Actualmente, la carga de trabajo presente en los cuidadores formales, personal sanitario mayormente, se ha incrementado a la vez que el número de personas con deterioro cognitivo, y por ello, el estrés en los trabajadores está cada vez más presente.

Las personas que trabajan con seres humanos, no solamente presentan una carga física, como en otras profesiones, la mayor carga que presentan es la carga mental. Los profesionales que trabajan con personas mayores, sobre todo cuando presentan deterioro cognitivo están continuamente expuestas a situaciones de tensión. La forma de afrontamiento depende en gran medida de las capacidades y recursos de los que disponga cada persona. Entre los factores que influyen podemos destacar: actitudes hacia la tarea (motivación, interés, nivel de aspiración...), aptitudes (capacidades personales, nivel de cualificación, grado de aprendizaje...), la edad, el estado general de salud y las características de personalidad.

4. SÍNDROME DE BURNOUT

Dentro de los riesgos laborales de carácter psicosocial, el estrés laboral y el síndrome de «estar quemado» en el trabajo (síndrome de Burnout) ocupan un lugar destacado, ya que constituyen una de las principales causas del deterioro de las condiciones de trabajo y una fuente importante de accidentalidad y de absentismo laboral.

El síndrome de Burnout es el resultado de un proceso en el que el sujeto se ve expuesto a una situación de estrés crónico laboral y ante el que las estrategias de afrontamiento que utiliza no son eficaces. Se caracteriza por sentimientos de despersonalización, de agotamiento emocional y de falta de realización personal.

La despersonalización consiste en el desarrollo de sentimientos y actitudes negativos hacia las personas a las que se atiende y el agotamiento emocional se refiere al sentimiento que tiene el trabajador de no poder dar más de sí mismo a nivel afectivo, de estar emocionalmente agotado.

Por falta de realización personal se entiende la tendencia que tienen los profesionales a evaluarse negativamente. Los profesionales se sienten descontentos consigo mismos e insatisfechos con los resultados de su trabajo, y ello, por consiguiente, va a afectar a la realización adecuada de su propio trabajo y a las relaciones con las personas a quienes atienden.

Los cuidadores profesionales de personas con demencia presentan problemas psicosociológicos concretos por sus funciones específicas. Las funciones del cuidador van más allá de proporcionar ayuda a la movilidad, vestirse o comer, sino que además suponen un punto de apoyo mediante una interacción social funcional.

El síndrome de Burnout suele aparecer en profesionales que mantienen una relación directa, constante e intensa con otras personas, especialmente cuando estas personas son las beneficiarias del trabajo de los profesionales. Por ello, los trabajadores del sector sanitario son uno de los colectivos entre los que suele aparecer con frecuencia este síndrome.

Los primeros síntomas derivados del estrés del cuidador son muy amplios, pudiéndose sentir abrumado, cambiar sus ciclos de sueño, sentirse cansado, irritarse con facilidad, aparición de sentimientos de tristeza, abuso de sustancias, incluyendo alcohol o fármacos... Un nivel de estrés moderadamente alto de forma permanente llega a cronificarse. El estrés crónico provocado por su situación laboral lleva finalmente a la aparición de diversos trastornos físicos y mentales.

El síndrome de Burnout presenta una serie de manifestaciones físicas (cefaleas, insomnio, alteraciones gastrointestinales, taquicardia, etc.), psicológicas (sentimientos de vacío, de impotencia, baja autoestima, etc.) y conductuales (conductas adictivas, absentismo, bajo rendimiento personal, conflictos interpersonales, etc.).

Las causas son múltiples: estrés laboral, sobrecarga laboral, déficit de habilidades del individuo para resolver discrepancias entre demandas y recursos disponibles, conflicto del rol, clima organizacional, características individuales... El personal que presenta el Síndrome de Burnout puede verse afectado en la interacción que tiene con la persona adulta mayor y así, perjudicar la calidad de atención que se le puede prestar a esta población.

- **Afrontamiento y factores implicados en el síndrome de Burnout**

La fatiga que se produce por exceso de carga mental, tiene numerosas consecuencias sobre la salud mental: disminuye la atención y la coordinación, aumenta el tiempo de reacción a los estímulos, deteriora las relaciones interpersonales, etc. La fatiga tiene, por tanto, repercusiones, tanto personales, como económicas y materiales, de diversa magnitud; es un factor causal importante de errores en la actividad, provoca una disminución del rendimiento y de la productividad, aumento del malestar y disminución del nivel de seguridad y, por tanto, contribuye a potenciar el riesgo de accidentes.

Este es un gran riesgo cuando se trabaja con personas que presentan deterioro cognitivo, ya que hay que mantenerse vigilante constantemente, por la presencia de riesgos elevados: caídas, golpes, urgencias, etc.

El trabajo por turnos y el trabajo nocturno son, asimismo, dos factores que pueden contribuir a aumentar la fatiga, afectando a la salud y al bienestar de los cuidadores formales, ya que provocan un desajuste con respecto al ritmo social y familiar, suponen cambios en los horarios de comidas, perturbaciones del sueño, etc.

Es preciso que el personal que trabaja con personas que presentan deterioro cognitivo, esté concienciado y formado, ya que es necesario tener un conocimiento extenso sobre los diferentes tipos de demencia y las diferentes actitudes y conductas según la patología. En muchas ocasiones, las demencias desencadenan en pérdida total de la autonomía, y finalmente, en el fallecimiento de la persona. Debido a esto, hay que tener en cuenta que las cuatro características más relevantes y que desencadenan un mayor nivel de Burnout son: trabajar con enfermos terminales, necesidad de trabajar en equipo, formación insuficiente y falta de habilidades específicas.

Debido a que el trabajo con personas que presentan demencia, es un trabajo con elevado riesgo de presentar estrés, es preciso buscar técnicas para afrontar día a día y de forma adecuada, las diferentes situaciones que se presenten. Por ello, se han realizado diferentes estudios para valorar qué características de la personas pueden influir en presentar Burnout o no, en las mismas condiciones. Se ha estudiado la inteligencia emocional, entendida como "la capacidad para adquirir habilidades o competencias para la adaptación de las demandas profesionales".

Se ha observado que la inteligencia emocional potencia un estado mental positivo relacionado con el trabajo y ello repercute en la calidad asistencial y en la salud de la población atendida. A su vez, se ha comprobado que en las mujeres, el nivel de inteligencia emocional es mayor que en los hombres.

Teniendo en cuenta estos datos, es comprensible que el número de cuidadores formales sea mucho más elevado en mujeres que en hombres. Algunas medidas que se pueden aplicar para mejorar las condiciones de trabajo y adecuar las exigencias de trabajo mental a las personas son:

a) Adecuar la cantidad de información necesaria para realizar la tarea y ajustarla a las capacidades de la persona.

b) Ajustar la relación entre el grado de atención necesaria y el tiempo que se ha de mantener para realizar la tarea.

c) Reorganizar el tiempo de trabajo (tipo de jornada, duración, flexibilidad, etc.).

d) Adecuar el lugar de trabajo (iluminación, espacios, etc.).

La fatiga es la consecuencia más directa de la carga de trabajo física y mental. Se define como la disminución de la capacidad de respuesta de un individuo, tanto física como mental, debido a la influencia de los factores de carga de trabajo.

En la prevención del síndrome de Burnout es necesaria la aplicación de medidas tanto a nivel individual como grupal y organizacional. A nivel individual, es importante el entrenamiento en habilidades interpersonales, en estrategias de afrontamiento, de solución de problemas, de mejora de la autoestima, etc. A nivel grupal las estrategias están indicadas para fomentar el apoyo social y emocional. A nivel organizacional, las medidas deben ir encaminadas a mejorar el clima de la organización, establecer objetivos claros y medios adecuados para conseguirlos, mejorar las redes de comunicación dentro de la propia organización y a potenciar la participación de los trabajadores en los procedimientos y en la propia organización de su trabajo.

7. CONCLUSIONES

El estrés es un riesgo laboral muy importante en los cuidadores formales, destacando la importancia que tiene en el personal sanitario

El sentirse estresado depende tanto de las demandas del medio externo como de nuestros propios recursos para enfrentarnos a él. La exposición a situaciones de estrés provoca la respuesta de estrés, que consiste en un aumento de la actividad fisiológica y cognitiva. Si se mantiene durante un tiempo prolongado la respuesta de estrés más allá de los propios límites, aparecerán trastornos importantes a distintos niveles.

El estrés laboral provoca consecuencias a nivel fisiológico, cognitivo y motor, que desencadenan el denominado Síndrome de Burnout.

El Síndrome de Burnout puede prevenirse con diferentes intervenciones a nivel psicológico, físico, mental, social, económico y estructural.

En estudios recientes buscaron conocer las diferencias de género en la carga y la depresión entre los cuidadores informales de personas mayores con demencia, y al contrario de lo que sucede en los cuidados formales, tienen menor riesgo de presentar depresión y estrés las mujeres que los hombres.

Se observan diferencias importantes entre mujeres y hombres, a la hora de enfrentar situaciones de estrés, siendo ellas capaces de afrontar de forma más adecuada las situaciones. Esto es un indicador que puede explicar la razón por la cual hay más mujeres cuidadoras que hombres. La cuestión es que el número de mujeres cuidadoras es mayor, provocando un mayor número de mujeres con estrés laboral que hombres.

Diversas revisiones publicadas hasta la fecha destacan como potencialmente generadores de malestar la acumulación de tareas, frustración por el tipo de pacientes atendidos, implicación emocional, problemas conductuales de los residentes tratados y falta de formación específica del grupo de trabajadores.

8. BIBLIOGRAFÍA

1. Conde M. Los cuidados formales a un enfermo de Alzheimer: el gerocultor. 2ª ed. Madrid: AFALcontigo; 2006.

2. Aguado AL, Alcedo MA. Necesidades percibidas en el proceso de envejecimiento de las personas con discapacidad. Psicothema. 2004; 16(2): 261-269.

3. Peeters J, Van Beek A, Meerveld J, Spreeuwenberg P, Francke L. Informal caregivers of persons with dementia, their use of and needs for specific professional support: a survey of the National Dementia Programme. BMC nursing. 2010; 9(9): 1-8.

4. Rogero J. Distribución en España del cuidado formal e informal a las personas de 65 y más años en situación de dependencia. Rev Esp Salud Pública. 2009; 83(3): 393-405.

5. Pérez A. El síndrome de Burnout. Evolución conceptual y estado actual de la cuestión. Vivat Academia. 2010; 112(1): 1-40.

6. Krasner M, Epstein R, Beckman H, Suchman A, Chapman B, Mooney CJ et al. Association of an Educational Program in Mindful Communication with Burnout, Empathy, and Attitudes Among Primary Care Physicians. JAMA. 2009; 302(12): 1284-1293.

7. Zeidner M, Matthews G, Roberts R. What We Know about Emotional Intelligence: How It Affects Learning, Work, Relationships, and Our Mental Health. GTI. 2012; 27(1): 161-166.

8. Liébana C, Fernández E, Bermejo JC, Carabias MR, Rodríguez MA, Villacieros M. Inteligencia emocional y vínculo laboral en trabajadores del Centro San Camilo. Gerokomos. 2012; 23(2): 63-68.

9. Gallicchio L, Siddiqi N, Langenberg P, Baugarten M. Gender differences in burden and depression among informal caregivers of demented elders in the community. IJGP. 2002; 17(2): 154-163.

10. Pitfield C, Shahriyarmolki K, Livingston G. A systematic review of stress in staff caring for people with dementia living in 24-hour care settings. Int. Psychogeriatr. 2011; 23(1): 4-9.